AF582284

MÉMOIRE

SUR

LA VITICULTURE

DE L'ILE DE RÉ (CHARENTE-INFÉRIEURE)

EXPOSITION UNIVERSELLE DE 1867, A PARIS

MÉMOIRE

SUR

LA VITICULTURE

DE L'ILE DE RÉ (CHARENTE-INFÉRIEURE)

PAR

THRE PHELIPPOT

(DE LA BENATIERE)

AGRICULTEUR, LAURÉAT DE L'EXPOSITION UNIVERSELLE (5 PRIX DONT 3 PREMIERS)
DE PLUSIEURS CONCOURS ACADÉMIQUES ET RÉGIONAUX
INSPECTEUR ET MEMBRE D'UN GRAND NOMBRE DE SOCIÉTÉS SAVANTES

Je voudrais que chacun escrivist ce qu'il sçait et tout ce qu'il sçait.
MONTAIGNE, *Essais*, Liv. Ier, Ch. 20.

PARIS
BUREAU DU JOURNAL DE VITICULTURE PRATIQUE
4, RUE NEUVE DE L'UNIVERSITÉ

1868

MÉMOIRE

SUR LA

VITICULTURE DE L'ILE DE RÉ

(CHARENTE-INFÉRIEURE)

A MONSIEUR LE CONSEILLER D'ÉTAT

COMMISSAIRE GÉNÉRAL DE L'EXPOSITION UNIVERSELLE DE 1867, A PARIS

Monsieur le Conseiller d'État,

Les faibles produits de viticulture que je me suis permis de vous adresser et qui ont eu l'honneur d'être admis par la Commission Impériale à concourir à l'Exposition universelle de 1867, à Paris, (champ des expériences agricoles, Ile de Billancourt), afin de renseigner cette docte et savante commission chargée d'examiner les différents types qui existent sur les vignobles de France : la circulaire de M. le Préfet de la Charente-Inférieure du 28 avril dernier, ainsi que l'invitation de M. le Délégué de la viticulture du 2 courant, m'ont suggéré l'idée de vous adresser aussi ce petit mémoire sur ces mêmes produits et sur les améliorations que j'y ai apportées et que je pratique depuis plus de 25 ans; ce qui contribue à une production extraordinaire et presque incroyable.

Ce simple exposé est fait, non pas dans l'idée prétentieuse de changer les dispositions et les pratiques de nos grands vignobles, mais bien dans la pensée seule d'y apporter quelques améliorations. Le tout dans l'intérêt de la *Viticulture Française*. Je vais donc traiter cette question sur plusieurs points et le plus brièvement possible.

L'Ile de Ré, qui est située à 4 kilomètres du continent, est divisée en huit communes et renferme une population de 19 à 20,000 âmes ; elle était autrefois boisée et couverte de bruyères ; elle est aujourd'hui à peu près dépourvue d'arbres, et l'industrie de ses habitants a triomphé de l'ingratitude de son sol calcaire, sablonneux, sec et aride. Un travail opiniâtre a rendu des plus fertiles ses 4,000 hectares de superficie employés à la culture de la vigne, car ils donnent communément 500,000 hectolitres de vin, soit 13 tonneaux environ par hectare, et bien au-delà dans les années d'abondance. Une partie de ses produits s'exporte en nature, le reste est converti en vinaigre ou appliqué à la distillation des eaux-de-vie. Les vins de l'Ile de Ré se marient avantageusement avec le Bourgogne, le Bordeaux, le Mâconnais, et enfin avec tous les gros vins du Midi.

De tels produits, dans un terrain comme celui de l'Ile de Ré, peuvent surprendre : la cause en est aux bras vigoureux, actifs et infatigables du laboureur qui ne recule devant aucune peine, aucun travail, pour faire fructifier ses terres. La viticulture a fait de très grands progrès. Les viticulteurs modernes ont rompu avec les pratiques anciennes dans la préparation des terres, dans le choix du cépage, dans la taille et dans la culture de la vigne ; c'est ce que j'établirai dans les paragraphes suivants :

I

DE LA PRÉPARATION DU TERRAIN A PLANTER

Lorsque le terrain dans lequel on veut planter de la vigne est perméable, il n'est pas nécessaire de le défoncer : ce travail est inutile et parfois nuisible, parce que souvent on retire du sous-sol des roches et des pierres qui servent à y entretenir une humidité précieuse pour les racines de la vigne pendant la sécheresse. Pour réussir à cette plantation, il suffit de labourer convenablement le sol, un mois à l'avance, afin de détruire les herbes et enlever les racines des autres végétaux.

La vigne veut être plantée en terre *neuve*, c'est-à-dire dans une terre n'ayant pas nourri ses congénères depuis un certain laps de temps ; car il faut de toute nécessité que ce terrain ait été *renouvelé* par diverses cultures *améliorantes*, faites pendant au moins *cinq* ou *six* ans, comme, par exemple, celles des blés, luzernes, sainfoins,, etc.

II

DU PLANT ET DU MOYEN DE LE CONSERVER

La bouture ou verge, appelée *visa* (ou *visant* en Saintonge), est bien préférable au plant enraciné : 1° parce que la bonne reprise de la bouture sur place avance l'époque de la fructification ; 2° parce qu'elle constitue dès la première année un arbrisseau ayant ses racines et ses tiges ; 3° enfin, parce que l'expérience a prouvé que le cep, ainsi obtenu *sur place*, a beaucoup plus de vigueur et de durée.

Le meilleur moyen de conserver les visas consiste dans l'enfouissement des 7|8mes de la longueur. On ouvre pour cela, dans son jardin et dans un lieu frais, un silo (1) dans lequel on place en couche peu épaisse le plant, mais sans être attaché en fascines ; on en couvre de terre meuble la plus grande partie, comme il a été expliqué ci-dessus ; puis on tasse la terre avec les pieds pour qu'il n'y existe aucune évaporation.

(1) Silo, fosse pratiquée dans la terre

III

DE L'ÉPOQUE DE LA PLANTATION

Dans l'Aunis et la Saintonge on plante la vigne aux mois de mai et juin. A l'Ile de Ré, le mois le plus favorable est celui de décembre, même la fin novembre.

IV

DE L'ORIENTATION DE LA VIGNE ET DE LA DISPOSITION DES CEPS

Dans les provinces ci-dessus désignées, les rangs ou *virées* de la vigne sont établis du *nord* au *midi* et plantées *en carré*. A l'Ile de Ré, c'est l'opposé : l'orientation des *virées* se fait suivant la disposition du terrain, et la plantation se fait toujours en *quinconce* (échiquier).

V

DU CHOIX DES CÉPAGES

Lorsque l'on veut planter la vigne, on doit avoir en vue de faire du vin *marchand*, d'un bon rendement et conséquemment d'une bonne qualité. Or, pour obtenir ce résultat, il faut faire choix du cépage de la manière suivante.

D'abord, on inspecte soigneusement dans les vignes de 10 à 15 ans, cep par cep, et ceux qui sont reconnus d'une production inférieure, c'est-à-dire *dégénérés*, sont *marqués*. Cette marque consiste à couper plusieurs jeunes bois placés sur la tête, à 8 ou 10 centimètres de la *souche*, afin de la reconnaître au moment de la taille.

Les plants pour les blancs sont : la ***folle-blanche***, le ***colombier***, le ***clairet*** ou ***cep-vert*** (malvoisie, ou blanquette, ou clarette) ; pour les rouges, on prend de préférence la ***folle-noire*** ou ***gamay*** et le ***négrier***. Les *gris-forin*, ***plaud***, ***balzac***, ***etc.***, ***etc.***, sont aujourd'hui dédaignés pour leur production très-ordinaire.

(Cette méthode, propagée par moi, est la plus positive ; elle constitue toute la fortune du vrai vigneron.)

VI

DU MODE DE PLANTATION

Le moyen le plus simple de planter la vigne consiste à faire avec une barre de fer (plantoir) appelée ***fiche***, d'une longueur de 80 centimètres environ, des trous ayant la profondeur de 25 à 30 centimètres, à laquelle on désire enterrer le ***visa*** dont on a soin de rogner les deux extrémités, à 1 ou 2 millimètres du dernier œil ou nœud ; puis on le met dans le trou, on y verse ensuite une jointée de terre meuble, et on scelle définitivement le ***visa*** au sol par trois ou quatre coups de ***fiche***. On ne laisse à la bouture ou visa, au-dessus de la terre, ***que deux nœuds francs***, desquels devra sortir le cep. Quant à l'espacement des rangs ou des virées et des ceps formant l'***échiquier*** d'un vignoble, le cep, à l'Ile de Ré, a pour rayonnement de ses racines et de ses rameaux 85, 90, 95 centimètres à 1 mètre au plus, même dans

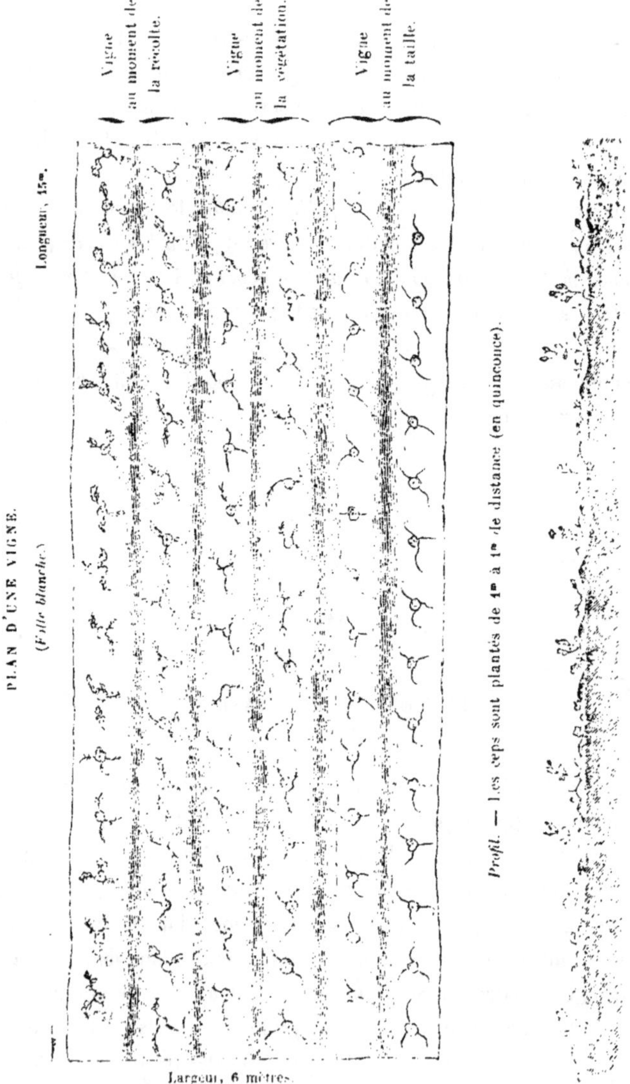

PLAN D'UNE VIGNE. (*Folle blanche.*)

Profil. — Les ceps sont plantés de 1m à 1m de distance (en quinconce).

de certains lieux, 80 centimètres, ce qui donne une récolte bien plus abondante : 156 hectolitres par hectare!..... ce qu'il n'est pas facile d'obtenir dans les autres vignobles de France, même avec leur meilleur système pratique.

VII

DE LA PRÉCOCITÉ DE LA FRUCTIFICATION

La bouture ou visa de la vigne donne du fruit, plus ou moins tôt, selon l'enfoncement dans la terre : par exemple, dans le département de la Drôme, à l'Hermitage, on l'enterre à 1 mètre, on n'a du fruit qu'à la huitième ou neuvième année ; en Aunis et en Saintonge, où on l'enterre à 50 centimètres, on ne récolte qu'à la quatrième ou cinquième année ; à l'Ile de Ré, où il n'y a qu'un enfouissement de 25 à 30 centimètres, on a du fruit dès la *première année*, et beaucoup à la *deuxième.*

VIII

DE LA CULTURE DU SOL DE LA VIGNE

Le vigneron de l'Ile de Ré divise le sol de ses vignes en *alvéoles* régulièrement espacées. Cette terre, relevée en talus tout autour du cep, a une bien plus large surface d'absorption, parce que la pluie, les débris qui roulent, les rayons solaires glissent dans ce petit ravin en miniature ; parce que les rameaux ou bras qui vont s'élancer de ce tronc se courbent naturellement sur ces épaulements, et surtout enfin, parce que les pousses tendres de la vigne s'abritent contre les vents déchaînés de l'Océan. Ces vents brûlent ou glacent la végétation.

La culture de la vigne est peu profonde (12 à 15 centimètres), et se fait deux et trois fois l'année, dans les vieilles ; dans les jeunes bien plus souvent, particulièrement dans celles de un à deux ans. Dans ces dernières, elles ont uniquement pour but de détruire les herbes et de rendre le dessus de la terre perméable aux agents atmosphériques.

IX

DE L'OUTILLAGE EMPLOYÉ A LA CULTURE DE LA VIGNE

La houe pleine on *bouelle*, et houe fendue ou *pic*, sont les instruments de l'agriculture locale. Nos comices agricoles parlent de la charrue appliquée à la culture de la vigne. — C'est le pas en avant de la science moderne.

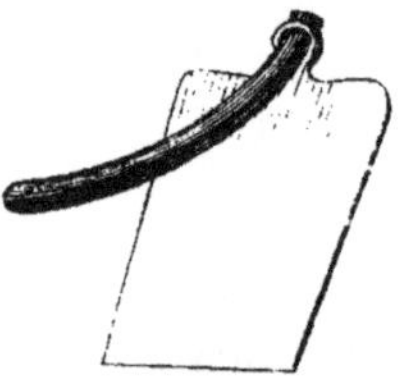

Houe pleine.

Houe fendue.

A l'Ile de Ré, l'application en est impossible, d'abord, par la grande division de la propriété, les parcelles de terre se comptent par centaine de mille. La houe représente la population multipliée, la fourmilière humaine, et la charrue la population rare, les bras en petit nombre; et ensuite, la houe bien conduite fouille la terre et en met successivement toutes les parties en contact avec l'air. La charrue n'a pas une action aussi intime sur les entrailles de cette terre, et son travail est un travail à moitié fait.

Où est le progrès ?

Dans la *charrue*, qui est le symptôme de la dépopulation de nos malheureuses campagnes, et qui a besoin de parcourir de grands espaces pour nourrir ses populations éparses, ou dans la ***houe***, qui a trouvé le secret de multiplier les bras et de les nourrir, sur un point imperceptible de la France ?

C'est à ce partage incessant et toujours rétréci du domaine paternel, que le sol de l'Ile de Ré doit sa culture intelligente, son rendement qui éblouit, et son travail sans jachère (1), car l'insulaire laisse à peine à cette terre le sommeil hivernal.

Lorsqu'on regarde cette terre au mois d'avril, après que le vigneron, armé de sa houe ou ***bouelle***, vient d'en bouleverser le sein et de lui donner cet air de propreté et de fraîcheur qui est la toilette de l'agriculture, aussi loin que le regard peut s'étendre, on aperçoit cette terre creusée d'alvéoles, de corbeilles d'où s'élance le cep de vigne, avec ses bras recourbés sur le sol. Il existe dans le tracé de ces alvéoles, une régularité, une symétrie qui étonne et cependant le vigneron n'a que sa ***bouelle***, qu'il manœuvre avec une aisance et une agilité qu'on ne trouve peut-être pas dans nos départements français.

X

DE L'EXISTENCE DE LA VIGNE

Les vignes durent peu. C'est dans le végétal comme dans l'homme que trop de séve ou trop d'amour brise vite. Mais le cépage, après quelques années de

(1) *Jachère*, état d'une terre labourable qu'on laisse reposer

culture fourragère ou de graminées, se replante avec toute facilité dans le même terrain. La folle-blanche, qui produit le plus, ne dure que 40 ou 50 ans, l'âge d'un phthisique. Les autres cépages, dans les vignobles sablonneux, voient deux ou trois siècles passer devant eux, avec leurs corbeilles de raisins dorés ou veloutés noirs, et les transports de joie toujours renaissants des populations vinicoles.

XI

DES ENGRAIS DANS LES VIGNES

Le fumier est l'aliment de l'agriculture, mais en général pour les vignes de l'Ile de Ré, le seul engrais est le labour réitéré, et cependant on peut améliorer les terres à vignes par des engrais spéciaux : tels que le sel marin, la chaux, les plâtras, les vases de mer, les coquilles calcinées, les varechs, etc., etc.

XII

DE LA TAILLE DE LA VIGNE PENDANT L'HIVER

La première année, on ne touche pas à la vigne.

La deuxième année on ne touche qu'aux plants forts et pleins de vigueur, dont on abat les branches les plus fortes avec un sécateur ou une petite serpe, et pour cette opération on choisit un temps humide pour que la coupe soit plus régulière.

La troisième année on abat tous les sarments moins un, le plus beau, le plus noueux et le moins moelleux.

La quatrième année on ne laisse que deux jeunes bois, les mieux disposés à la production.

La cinquième, dixième, vingtième, trentième, etc., etc. se taille suivant la vigueur ou l'espèce du cépage et l'extrémité des bois ou *verges* est

piquée sur le talus, mais on a soin de rogner les bois et d'en abattre les deux ou trois nœuds.

Ces arçons sont l'échalassement horizontal de l'agriculture locale, et non pas l'échalassement vertical de la vigne du midi, parce que sous le ciel des vents et des tempêtes le végétal doit ramper. L'arçon horizontal a besoin, pour mûrir sa magnifique récolte de huit cents à mille grammes et plus parfois, de grappes vinifères, de trouver dans le rayonnement d'une terre qu'il embrasse et qui reçoit 30, 40, 50 degrés, la chaleur que l'air soumis à tant de variations de température ne lui donnerait pas souvent.

XIII

DE LA TAILLE DE LA VIGNE PENDANT L'ÉTÉ

Cette taille consiste en quatre opérations, savoir : le ***pinçage***, l'***ébourgeonnage***, le ***rognage*** et l'***effeuillage***. Ce travail ne se pratique généralement que dans les terrains sablonneux où les vignes plantées en Folle-Noire, Négrier, etc., viennent très-fougueuses.

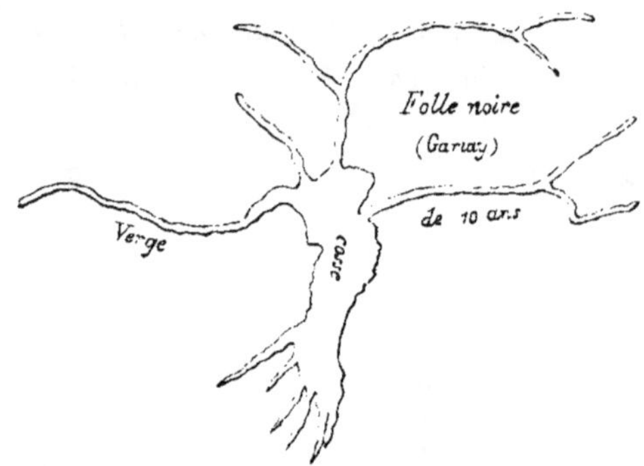

XIV

PINÇAGE

Le ***pinçage*** consiste à rogner les bourgeons qui ***portent fruits*** à deux ou trois feuilles au-dessus de la plus haute grappe ; cette opération arrête la force ascendante de la séve, ce qui *évite la coulure*. On la pratique du 10 au 30 mai.

XV

ÉBOURGEONNAGE

L'*ébourgeonnage* consiste à abattre, dès qu'ils ont douze à quinze centi-

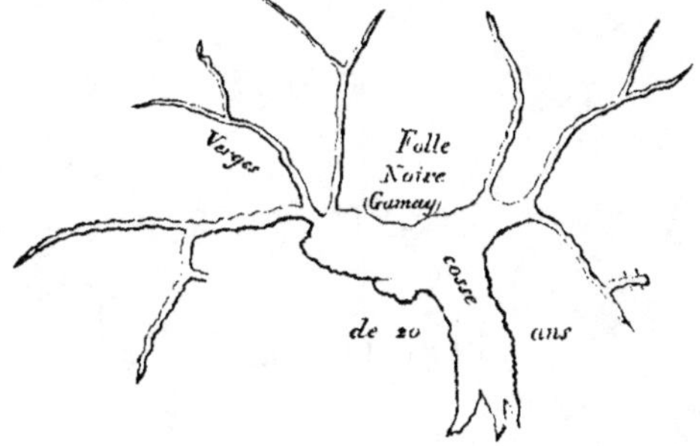

mètres de longueur, tous les bourgeons (gourmands) qui ne portent pas de fruit et qui sont inutiles à la bonne constitution du cep.

XVI

ROGNAGE

Le *rognage* n'est que pour les treilles qu'il faut logiquement transporter dans les vignobles. En supprimant la longueur des rameaux on diminue l'ombrage et on refoule la sève dans les grappes et dans le bois ; les feuilles du centre, si importantes pour préserver de la *brûlure*, ne tombent pas.

XVII

EFFEUILLAGE

L'*effeuillage* est la dernière opération de la taille d'été; elle consiste à enlever, s'il y a lieu, quelques feuilles, ainsi que les contre-bourgeons de deuxième pousse, afin de donner de l'air et de la lumière aux raisins. Elle ne se pratique que quinze ou vingt jours avant les vendanges, lorsque l'action du soleil n'est plus à craindre.

XVIII

DU MOMENT OU IL CONVIENT DE VENDANGER

Le raisin de Folle-Blanche contient jusqu'à 17 1/2 pour % de sucre en poids et 11 pour % d'esprit absolu, lorsqu'il est en état de *parfaite maturité*, et quand il est *vert*, il en contient peu et même pas du tout. — A un certain avancement de maturité, le raisin contient soit 2, soit 4 ou 6 pour % de sucre, et cependant ce n'est pas encore le moment de le cueillir, à moins que le temps laisse à désirer. Pour se rendre un compte exact, il suffit de se procurer un instrument peu couteux (4 fr.) aussi simple que maniable, un *glucomètre*. On n'a qu'à le plonger dans le moût et il dira si on doit attendre encore ou vendanger. Mais ce qu'on doit détruire avant tout, c'est un antique usage qu'on nomme : *ban des vendanges*. Il entrave et compromet très-souvent le produit vinicole, car le vigneron est plus apte qu'une commission municipale à déterminer si un vignoble est, ou n'est pas mûr ; si cette maturité est partielle ou générale, et enfin si l'exposition des lieux, la nature du terrain, doivent hâter ou retarder les vendanges de ce vignoble.

XIX

DE LA MANIÈRE DE FAIRE LE VIN ROUGE

Avant d'être entonné, le vin rouge doit fermenter dans une cuve ouverte par le haut, pour obtenir promptement la *fermentation*. Il faut cueillir le raisin d'un temps sec, et aussitôt rendu au fouloir, le raisin noir doit être bien écrasé. On peut y ajouter un *cinquième à un sixième de râpe et jus blanc.* Ce mélange active fortement la fermentation, lui donne du corps, aide à sa conservation et lui procure même une plus belle couleur. Il faut que la cuve dans laquelle se fera la fermentation soit à l'air libre, car dans un lieu concentré où la température ne dépasse guère 12 degrés, la fermentation donne 20 degrés, ce qui est insuffisant pour dissoudre la couleur rouge.

Enfin, les grappes noires et blanches ayant été bien mélangées dans la cuve, on laisse la fermentation s'établir. Vingt-quatre heures après sa mise en cuve, la râpe qui baignait dans le *moût* (liquide) monte à la surface, forme ce que l'on appelle le *comble* (chapeau), et le vide au-dessus qui a été laissé dans cette intention se remplit d'*acide carbonique* qui préserve le dessus dudit *comble* du contact de l'air, qui le ferait aigrir, et pour plus de sécurité, on le *plonge* (l'enfonce) tous les matins, à l'aide d'un *pilon* en bois.

XX

DU DÉCUVAGE

Après six à huit jours de fermentation, le vin ne bout plus, le comble cesse de monter et même commence à descendre, il faut alors le tirer *au clair.* On ouvre le *jau* ou *robinet* placé au bas de la cuve à quatre ou cinq centimètres du fond, lequel *doit être en bois*, et on tire le vin, qu'on transvase dans les barriques par parties égales, afin que chacune d'elles ait une même quantité de vin, du *bas*, du *milieu* et du *haut* de la cuve. Lorsqu'il n'existe plus de liquide dans la cuve, on en extrait la râpe que l'on soumet à l'action du *pressoir* et le plus promptement possible dans la crainte qu'elle ne s'*échauffe*, ce qui est très-mauvais, et le *jus* qu'on retire de ce pressurage, qui contient des qualités utiles à la conservation du vin, est employé à faire le plein de chaque barrique.

Pour extraire de la cuve la râpe à presser, il est nécessaire de prendre ***certaines précautions*** en raison du ***gaz acide carbonique*** qui pourrait ***asphyxier l'ouvrier qu'on y emploierait.***

Des accidents de ce genre sont malheureusement trop fréquents. Alors on place une échelle dans la cuve; avec un linge qu'il tient à la main, l'ouvrier ***fait un moulinet*** ; arrivé sur la râpe, il continue en faisant le tour de la cuve, par ce mouvement de rotation, le ***gaz méphitique*** est enlevé et remplacé par de l'***air atmosphérique.***

XXI

DU LOGEMENT DU VIN ROUGE NOUVEAU

On loge le vin rouge, au sortir de la cuve, dans des barriques ***envinées***, ayant précédemment contenu des mêmes vins, dans lesquelles existe de la ***gravelle*** ou tartre (1). Dans de certains chais, suivant l'aisance du propriétaire, on place le vin dans des tonneaux ***neufs***, et ceux qui recherchent la ***couleur*** et le ***tannin***, font usage de barriques faites de bois de Bosnie, parce que ces bois-là contiennent beaucoup d'***acide gallique***, qui favorise la ***couleur*** et la ***conservation***, mais avant tout il faut avoir la précaution d'***échauder*** les barriques.

(1) Tartre, *tartarum*, dépôt salin que le vin forme dans les barriques, aux parois desquelles il s'attache. A l'Ile de Ré, le vigneron le vend de 1 fr. 50 à 2 fr. le kilog.

XXII

DES SOINS A DONNER AU VIN ROUGE APRÈS LE DÉCUVAGE

Le moment où le vin rouge craint le plus l'impression de l'air est celui où il vient d'être mis en barrique, aussi il est de toute nécessité de procéder régulièrement à l'*ouillage*, c'est-à-dire faire le plein de ces mêmes barriques et *tous les huit jours*, pendant le premier mois, et *tous les quinze jours* pendant le deuxième et le troisième, puis à la fin de décembre ou au commencement de janvier, on procède à un premier *soutirage* afin de le dégager de sa lie la plus grossière et on n'en fait le plein qu'une fois par mois. En mars on opère un deuxième *soutirage* et on le dépouille entièrement de sa lie perturbatrice, ce qui lui permet de braver les chaleurs et la longue série des phases d'agitation qu'il doit traverser, depuis le commencement de la végétation de la vigne jusqu'à la vendange, dont il ressent tous les mouvements, et on ne doit pas le *soutirer* aux époques où la vigne *travaille*, c'est-à-dire à la *pousse*, à la *fleur* et *lorsque le raisin vairit*.

On ne doit autant que possible procéder au soutirage que par un temps *sec*, *clair*, et particulièrement *par un vent du Nord*, car le moindre ferment qui y reste est très-dangereux, et les plus légères causes déterminent les plus graves accidents ; les *orages*, les *brusques changements de température* et les *mouvements précipités de la vigne* font quelquefois perdre notre vin.

Il importe donc, lorsqu'on procède au soutirage, de toujours *mécher* les barriques avant de les remplir. Dans les années de faible qualité, le vigneron ne doit pas se borner, *pour conserver son vin*, aux soutirages ordinaires, il faut, et pour son propre intérêt, précéder cette opération d'un *bon collage*, qui consiste, lorsqu'on le soutire, à verser dans chaque barrique, de *un* à *deux litres d'eau-de-vie* et *quarante à cinquante grammes d'iris de Florence* (1).

(1) Produit extrait de la plante de la famille des iridées.

Pour les vins blancs, qu'on destine à faire de l'eau-de-vie, on peut leur donner un corps, une alcoolisation plus forte et une saveur plus nette en y ajoutant deux kilos de *glucose* (1) par hectolitre de vin.

Alors tout propriétaire qui suivra cette méthode en soignant ses vins de la manière dont je viens de l'expliquer ci-dessus, surtout s'il les a logés dans des futailles parfaitement *exemptes de mauvais goût*, doit être certain non-seulement de les conserver mais encore de les améliorer.

XXIII

DE L'OIDIUM

Pour le développement et les moyens à prendre pour combattre cet affreux et terrible fléau, on n'a qu'à suivre pas à pas les sages enseignements d'un maître de la science, un homme érudit, le savant viticulteur, M. le docteur J. Guyot, car les essais et épreuves que j'ai faits et que je continue de faire, m'ont prouvé qu'il est dans le vrai. Je me borne donc à développer quelques faits seulement, tant sur son apparition dans les vignobles de l'île de Ré, que sur les moyens que j'emploie aujourd'hui pour en anéantir les effets.

On place généralement le berceau de ce fléau dans une serre chaude de la vieille Angleterre, en 1845, ce qui est une erreur matérielle, on pourrait dire, perfide Albion !.. Je possède des preuves que, en 1844 déjà dans notre pauvre Ile de Ré, si châtiée dans ses vignobles, l'*oïdium* existait, et depuis longues années nos prés de luzerne succombaient sous la pression de cette maladie. Je crois qu'il n'entre pas dans cette narration d'en donner tous les détails, l'essentiel est de savoir la combattre aussitôt son apparition afin d'en arrêter le progrès, et je prie le lecteur de se reporter à l'article publié par M. le docteur

(1) Produit sucré extrait principalement de la fécule

Guyot lui-même, dans le *Journal d'agriculture pratique* de 1863, numéros 12 et 13, et je peux dire hautement : *Soufrez* en fin mai préventivement ; mais avant consultez la température du mois. *Soufrez* toujours en juin. Ensuite consultez la température, pour savoir si vous devez soufrer, car pendant les grandes chaleurs, le soufrage doit être sobre et prudent ; il doit garder toute son activité pour les températures humides et variables. Je dis cela comme pratique locale. Je ne sais pas si le soufrage ainsi conçu doit être accepté par les vignobles soumis à d'autres conditions locales.

Les connaissances acquises par la science ne conviennent pas à tout le monde, et on peut ainsi suivre cette parole si pleine de sagesse :

Aide-toi, le ciel t'aidera.

Tel est, je crois, Monsieur le Conseiller d'Etat, mon exposé. En traçant d'une main débile ces quelques lignes, je voudrais donner aux agriculteurs-vignerons le goût de cette science qui fait aimer l'agriculture ; je voudrais leur donner le spectacle des misères et des étiolements de la vie des grands centres manufacturiers et industriels, où la pauvreté en loque et en guenilles, tisse parfois des étoffes d'or ; je voudrais enfin les détourner du sentier fleuri qui conduit dans la ville, où l'homme des champs perd vite cette limpidité de l'existence des cabanes perdues dans les herbes.

Les villes ont parfois des laideurs morales et physiques qui épouvantent l'œil qui peut en voir la face pâle, et tel est aussi, le résumé sinon succinct du moins *exact* des renseignements locaux que je me suis permis de vous adresser. Malgré le désir qu'en commençant j'ai eu d'être bref, l'abondance des matières et l'utilité des faits à relater, m'ont obligé de m'étendre sur mon sujet, peut-être aurai-je abusé de votre attention !.... Vous dissiperez cette crainte, Monsieur le Conseiller d'Etat, si vous trouvez que j'ai réussi à analyser et à démontrer assez clairement un mode de culture et de vinification que je pratique depuis longtemps et que je m'efforce d'améliorer tous les jours.

Ce mode de culture est encore ignoré de bien des cultivateurs, malgré son extrême importance; la connaissance servira, il faut l'espérer, de point de départ à l'amélioration et au progrès de la viticulture et de la vinification françaises. De précieux enseignements sortiront, à n'en pas douter, de ces *grandes assises* scientifiques qui sont une manifestation nationale et qui seront une nouvelle gloire pour la France.

TH[RE] PHELIPPOT
(De la Benatière)
AGRICULTEUR

Le Bois, île de Ré, (Charente-Inférieure), le 16 mai 1867.

EXTRAIT DU RAPPORT DE LA CLASSE 86

SUR LES SPÉCIMENS DE LA VITICULTURE EXPOSÉS A BILLANCOURT

AVEC PROPOSITIONS DE PRIX

CULTURES TRADITIONNELLES

6e CONCOURS

SOUCHES EN FOULE, A TAILLE LONGUE

Deux exposants seulement rentrent dans ce concours : 1° M. Théodore Phelippot, de l'Ile de Ré (Charente-Inférieure) ; 2° M. Languedoc, vigneron à Issy (Seine).

M. Phelippot expose la méthode de culture traditionnelle de l'Ile de Ré, et les instruments de cette culture à la main. Ce système, des plus curieux et des plus fertiles, a constitué la principale richesse de l'île, où vit une population des plus condensées. Il consiste dans une souche formée près de terre, d'où partent trois ou quatre longs sarments fichés dans le sol par leur extrémité libre ; chaque souche ressemble assez à une de ces araignées qu'on appelle faucheux. L'étude de cette méthode est remplie d'enseignements, et M. Phelippot les expose assez clairement dans un excellent mémoire, à l'appui de son exposition. Le jury propose un deuxième prix.

M. Languedoc produit le système de plantation des environs de Paris par un simple fossé garni de deux rangs de plants, et un spécimen de quelques souches n'ayant pas encore leurs longs bois ; ce lot ne représente donc rien de saisissable et ne peut être récompensé.

LES RÉCOMPENSES DIRECTES AUX EXPOSANTS

(Extrait du *Journal de Viticulture Pratique*)

Les jalousies de clocher sont quelquefois aussi ridicules qu'injustes. Voici un praticien émérite, viticulteur d'initiative et homme aussi honorable qu'estimé, qui fait toutes démarches, envoie des produits, subit des frais de toutes sortes, pour concourir à l'Exposition viticole de Billancourt, et qui voit sa récompense bien méritée revendiquée par quelques voisins malveillants, au nom de la contrée où l'actif agronome exploite ses vignes.

Une personne, se disant autorisée par la Commission impériale, parcourt l'île de Ré, recherche des adhésions à une protestation contre les récompenses décernées à M. Phelippot et demande en même temps que ces récompenses soient attribuées à l'île de Ré.

Nous avons voulu savoir quel accueil serait réservé à cette singulière démarche et avons prié M. le docteur J. Guyot de vouloir bien nous dire son opinion sur l'inconcevable pétition colportée dans l'île de Ré.

Voici la réponse du célèbre viticulteur :

A Monsieur le Directeur du *Journal de Viticulture pratique.*

Cher Monsieur,

Vous m'adressez une pétition signée de quelques cultivateurs de l'île de Ré, ainsi conçue :

« Les agriculteurs de l'île de Ré, à la commission agricole de Billancourt :

« Messieurs,

« Un prix de viticulture a été décerné à l'un de nos compatriotes, pour la taille à courson (courson veut dire ici longue taille, sarment qui court) et ses abondants produits.

« Cette méthode de tailler, et la culture de la vigne, sont en pratique depuis 13 *siècles* dans l'île de Ré. Nous demandons, au nom de la justice, que ce prix soit décerné à l'île de Ré, et non pas à *un seul cultivateur* qui, nous l'attestons, n'a rien changé à la viticulture traditionnelle. »

Cette pétition n'est ni raisonnable ni juste : elle est évidemment l'œuvre d'un ou de deux jaloux qui ont entraîné quelques braves cultivateurs étrangers à la question.

En effet, qui a conçu l'idée d'exposer la viticulture traditionnelle de l'île de Ré? Qui a réalisé cette idée à ses frais, risques et périls? Qui a rédigé un excellent mémoire explicatif de cette méthode? M. Phelippot seul ; M. Phelippot a été seul *à la peine*, seul il doit être *à l'honneur.*

Mais, est-ce une méthode de viticulture personnelle à M. Phelippot que le jury a récompensée? Non, c'est la vieille et bonne culture traditionnelle de l'île de Ré que le jury a honorée en la personne de celui qui l'exposait si bien et si franchement comme la culture de tout son pays.

M. Phelippot a donc mis en lumière la viticulture de l'île de Ré : il a dépensé son argent, son temps, son intelligence et ses démarches à la sortir de l'obscurité, à lui faire rendre justice, à l'offrir en exemple aux autres vignobles; il a donc bien mérité de son pays et de tous les viticulteurs.

C'est ce que tous les vignerons de l'île de Ré reconnaîtront : je connais leur droiture, leur vaillance au travail, leur intelligence et leurs bons sentiments ; je suis assuré qu'ils rendront justice à M. Phelippot qui est un des leurs, qui s'est formé lui-même au milieu d'eux et travaille avec honneur et succès dans l'intérêt de tous ses concitoyens.

J'ai visité l'île de Ré en **1861**, j'ai visité ses cultures, ses vignes, j'ai apprécié la valeur de ses habitants, et je suis charmé de tout ce que j'en ai vu et écouté ; je suis convaincu que leur bon sens ne se laissera pas surprendre par de mauvaises inspirations.

Agréez, cher Monsieur, l'expression de mes sentiments distingués.

Dr Jules GUYOT,
Secrétaire rapporteur du jury, classe 86.

P. S. — *Une exposition universelle* trahirait le principe même de son existence, trahirait les exposants, trahirait ses visiteurs, si elle appliquait ses récompenses à ceux qui n'exposent rien.

TABLE DES MATIÈRES

GRAVURES

LAGNY. — IMP. DE A. VARIGAULT.

www.ingramcontent.com/pod-product-compliance
Lightning Source LLC
LaVergne TN
LVHW050505160826
845677LV00003B/958

9782329653556